maxi kézako

l'astronomie

Textes de Philippe Nessmann
Illustrations de Peter Allen
Mise en couleur Axel Renaux

MANGO JEUNESSE

KEZAKO
Bon voyage!

Sommaire

KEZAKO
Décollage réussi ! Je vois la Terre en dessous de moi. C'est magnifique ! Je poursuis mon voyage vers les planètes et les étoiles.

LA TERRE

La Terre est notre planète.

Taille : 12 800 km de diamètre
Masse : 6 000 milliards de milliards de tonnes !
Âge : 4,6 milliards d'années

OBSERVER LA TERRE

Connaître notre planète

Étudier la Terre depuis le ciel

Il existe de nombreuses manières d'étudier la Terre. Il y a bien sûr les satellites, qui tournent autour et la photographient d'en haut.

Étudier la Terre depuis la Terre

La plupart des recherches se font directement sur Terre : les volcanologues s'intéressent aux volcans, les sismologues aux tremblements de terre, les biologistes à la vie, les météorologues au temps qu'il fait…

Qu'observent les chercheurs ?

Les chercheurs observent la nature. Puis, dans leur laboratoire, ils essaient de comprendre ce qu'ils ont vu et font des expériences pour le vérifier. C'est ainsi que, au fil des siècles, ils ont compris ce qu'il y a au cœur de la Terre.

Le sais-tu ?

Dans l'Antiquité, les tout premiers Grecs observaient déjà la Terre. Ils l'imaginaient alors plate et flottant sur un océan. Ils se trompaient : plus tard, on a compris qu'elle était ronde.

Toi aussi, observe la Terre !

Chacun de nous peut observer la Terre ! Ramasse des cailloux et observe-les à la loupe ! Certains sont très durs, d'autres non… Pourquoi sont-ils si différents ? La géologie est la science qui raconte l'histoire des cailloux.

AU CŒUR DE LA TERRE

Voyage au centre de la Terre

Le manteau
Il y fait si chaud que la roche a fondu. Cette roche liquide s'appelle le magma.

Le noyau de fer
La température y est brûlante : 5000 degrés ! Une partie du fer a fondu et est liquide.

La croûte
C'est la roche solide qui forme les continents et tapisse le fond des océans.

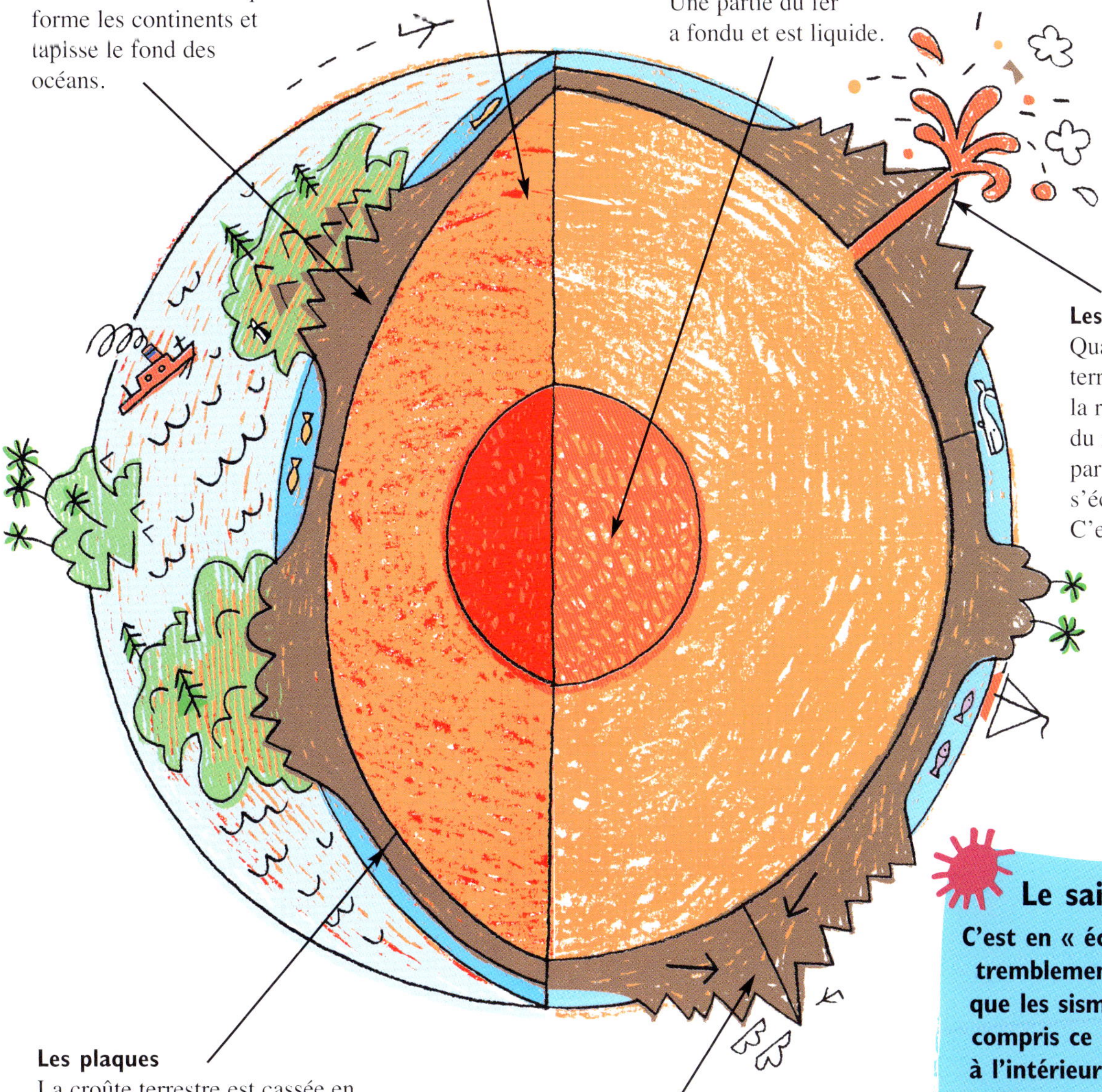

Les volcans
Quand la croûte terrestre est trouée, la roche liquide du manteau remonte par ce trou et s'échappe. C'est un volcan.

Les plaques
La croûte terrestre est cassée en plusieurs morceaux. Ils flottent sur le manteau comme des radeaux sur l'eau. Quand deux plaques frottent l'une contre l'autre, cela crée un tremblement de terre.

Les montagnes
Lorsque deux plaques poussent l'une contre l'autre, elles se soulèvent et forment des montagnes.

Le sais-tu ?

C'est en « écoutant » les tremblements de terre que les sismologues ont compris ce qu'il y avait à l'intérieur de la Terre. Un peu comme un médecin qui, en posant un stéthoscope sur ta poitrine, sait comment bat ton cœur.

ATMOSPHÈRE, ATMOSPHÈRE...

Découvre pourquoi le ciel est bleu

1 Allume la télévision et fais l'obscurité complète dans la pièce.

Il te faut :
- du tissu pas trop épais : un mouchoir, par exemple
- une lampe de poche
- un téléviseur

2 Tiens le mouchoir devant tes yeux. Parviens-tu à voir la télévision à travers le mouchoir ?

3 Demande à un copain d'allumer la lampe de poche et d'éclairer le mouchoir. Parviens-tu toujours à voir la télévision ? Et s'il éteint la lampe ?

Le sais-tu ?

Dans l'espace, le ciel est toujours noir et étoilé. En effet, la couche de gaz qui entoure la Terre est épaisse de seulement quelques dizaines de kilomètres. Si on s'envole plus haut, il n'y a plus d'air : c'est le vide. Sans atmosphère, le ciel est toujours noir.

Avec la lampe éteinte, tu vois la télévision à travers le mouchoir. Avec la lampe allumée, tu ne vois plus que le mouchoir. Pourtant, la télévision est toujours là. Il se passe un peu la même chose dans le ciel. La Terre est entourée d'une couche de gaz, l'atmosphère. La nuit, l'atmosphère est transparente : tu vois à travers et observes les étoiles au loin. Le jour, l'atmosphère est éclairée par le Soleil : elle prend une couleur bleu clair. Tu ne vois plus qu'elle ! Derrière, les étoiles brillent toujours, mais tu ne les vois plus.

C'EST LE JOUR ET LA NUIT

Fais tourner la Terre !

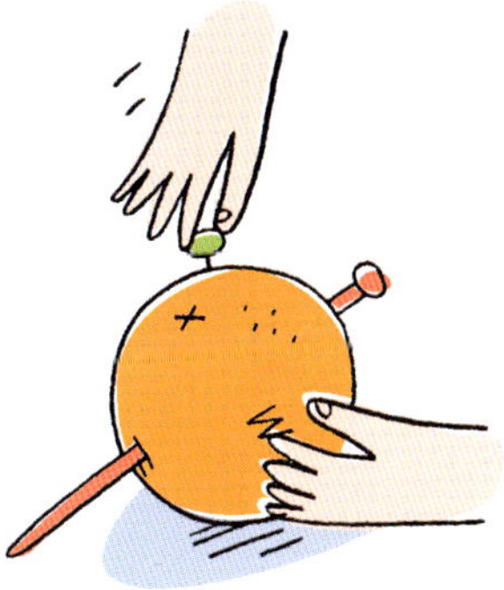

1 Transperce l'orange avec l'aiguille à tricoter. Plante la punaise sur le côté.

Il te faut :
- une lampe de poche
- une orange
- une aiguille à tricoter
- une punaise

2 Pose la lampe de poche au bord d'une table. Tiens l'orange devant la lampe de poche, avec la punaise éclairée.

3 Fais tourner l'orange d'un demi-tour. La punaise est-elle toujours éclairée ? Et avec un demi-tour supplémentaire ?

Une autre expérience

Pendant une journée ensoleillée, plante un bâton dans le sol. Chaque heure, inscris sur le sol la position de l'ombre du bâton. Comme le Soleil se déplace dans le ciel, l'ombre bouge. Tu as fabriqué un cadran solaire.

La lampe de poche, c'est le Soleil. L'orange, c'est la Terre. La punaise, c'est toi. Au départ, tu es éclairé par le Soleil. C'est le jour. Mais la Terre tourne sur elle-même. Quand elle a fait un demi-tour, tu te retrouves dans l'ombre. C'est la nuit. Et un demi-tour plus tard, il fait à nouveau jour. C'est pour cette raison que, sur Terre, jour et nuit se succèdent. Et comme la Terre met douze heures pour faire un demi-tour, le jour et la nuit durent chacun environ douze heures.

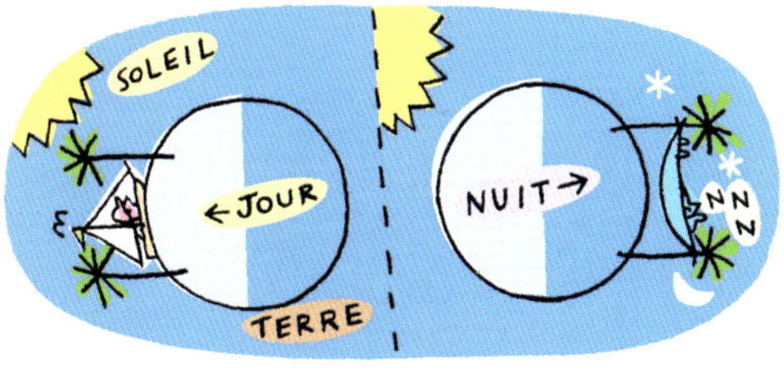

LA TERRE TOURNE

Une vérité dure à entendre

Galilée

Il y a 400 ans, Galilée était un savant italien très connu. Il avait étudié les mathématiques, la physique et l'astronomie. Avec une lunette de sa fabrication, il observa longuement la Lune, Vénus, Jupiter et Saturne.

Qui tourne autour de qui ?

« Mais, conclut-il, le Soleil ne tourne pas autour de la Terre ! C'est la Terre qui tourne autour du Soleil. » Il arrivait à la même conclusion qu'un autre astronome, Nicolas Copernic, qu'on avait refusé d'écouter. Galilée écrivit un livre pour expliquer ses idées.

En prison !

Le livre déplut au pape de l'époque. Pour l'Église catholique, Dieu avait créé la Terre et l'Homme au centre de l'Univers. C'était écrit dans la Bible. Le savant fut jeté en prison et il dut dire qu'il s'était trompé…

Mais il avait raison

Aujourd'hui, chacun sait que Galilée avait raison. La Terre tourne ! Elle tourne sur elle-même (c'est pour cela qu'il y a les jours et les nuits) et elle tourne autour du Soleil (c'est pour cela qu'il y a les saisons et les années). Les idées nouvelles mettent parfois du temps à être acceptées…

LA NAISSANCE DE LA TERRE

Découvre la force de gravité

1 Tiens la balle à bout de bras. Lâche-la ! Que fait-elle ? Et si tu la lances vers le haut ?

2 Et avec la paire de chaussettes, que se passe-t-il ? Et le stylo ?

3 À ton avis, si un autre enfant fait la même expérience de l'autre côté de la Terre, que se passe-t-il ?

Il te faut :
- une balle
- une paire de chaussettes
- un stylo…

Le sais-tu ?

C'est le savant anglais Isaac Newton qui, au XVIIe siècle, a compris les lois de la gravité. On raconte qu'il a fait cette découverte un jour où il faisait la sieste sous un pommier, lorsqu'une pomme lui est tombée sur la tête !

La balle et les chaussettes finissent toujours par retomber par terre. Au Canada, en Australie et en Chine, c'est pareil. Tous les objets sont attirés vers le centre de la Terre par une force invisible, la gravité. C'est grâce à cette force si la Terre est née. Au départ, il y avait un immense nuage de gaz et de poussières qui flottaient dans l'espace. Les grains les plus lourds ont attiré par gravité les plus légers. Petit à petit, ils ont formé une boule, qui a continué à grossir en attirant les grains voisins. Finalement, la boule est devenue énorme : c'était la Terre.

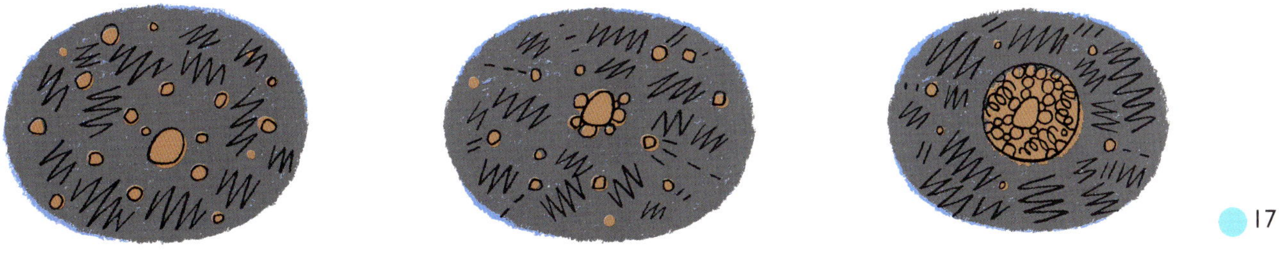

Allô la Terre ? J'ai repris mon voyage. Je m'approche maintenant de la Lune. Il n'y a pas de nuages, ni d'arbres, ni d'océans, ni d'habitants. Tout est gris et désertique ! En revanche, je vois plein de cratères. Il faudra m'expliquer tout ça...

LA LUNE

La Lune tourne autour de la Terre. On dit que c'est un satellite naturel de la Terre.

Taille : 3 476 km de diamètre (à peu près la taille de l'Australie)

Masse : la Lune est 81 fois plus légère que la Terre

Distance de la Terre à la Lune : environ 384 000 km

Âge : 4,5 milliards d'années (un peu plus jeune que la Terre)

OBSERVER LA LUNE

Organise une soirée d'observation

Prépare ton équipement

Il te faut une lampe de poche pour trouver ton chemin. Des vêtements chauds, une couverture et une bouteille thermos de boisson chaude : la nuit, on prend vite froid, même l'été. Un carnet et un crayon pour dessiner ce que tu verras. Des jumelles, si tu en as. Et ton livre d'astronomie !

Choisis un site d'observation

Il faut éviter les endroits très éclairés : parkings, bords de route… Plus il fait noir, mieux tu vois le ciel. Un jardin ou une prairie sont de bons endroits.

C'est parti !

Ne pars jamais seul : tu dois toujours être accompagné d'un adulte. Observe la Lune et dessine-la. Vois-tu les taches sombres ? On les appelle des « mers », même si elles sont aussi sèches qu'un désert de sable.

Avec ou sans instrument ?

On voit très bien la Lune à l'œil nu.

Avec des jumelles, on voit plus de détails.

Une lunette ou un télescope grossissent encore plus l'image.

Observe tout !

Si tu as des jumelles, utilise-les. Tu verras peut-être les cratères de la Lune. Profite de ta soirée d'observation pour jeter un œil aux étoiles…

UNE LUNE CHANGEANTE

Découvre les phases de la Lune

1 Malaxe une boule de pâte à modeler bien ronde. Avec le fil, fends un peu la boule puis referme-la sur le fil pour qu'il reste accroché.

Il te faut :
- une lampe de poche
- de la pâte à modeler
- un fil long comme ton livre

2 Dans une pièce sombre, tiens la boule par le fil à 20 cm de tes yeux. Demande à quelqu'un de tenir la lampe de poche pour que la boule reste toujours éclairée.

3 Observe la partie de la boule éclairée par la lampe. Quelle forme a-t-elle ?

4 Fais lentement tourner la boule autour de ta tête. Que devient la partie éclairée ?

Le truc de l'astronome

Si la Lune a la forme d'un « p », c'est le premier quartier. Elle est en train de grossir.

Si elle a la forme d'un « d », c'est le dernier quartier. Elle va bientôt disparaître.

La boule correspond à la Lune. Toi, tu es la Terre. La lampe, c'est le Soleil. Depuis la Terre, nous ne voyons de la Lune que sa partie éclairée par le Soleil. Mais cette partie change. En effet, la Lune tourne autour de la Terre. Selon où elle se trouve, nous voyons d'elle un rond, un demi-rond, un croissant ou… rien du tout !

EN ORBITE !

Allô la Terre ?
J'ai une question !
La Lune tourne autour
de la Terre.
Mais comment fait-elle
pour ne jamais
tomber dessus ?

Mets tes chaussettes en orbite !

1 Tiens une paire de chaussettes à bout de bras et lâche-la.

Il te faut :
- quatre paires de chaussettes

2 Lance la deuxième paire doucement devant toi. Lance la troisième un peu plus vite et la quatrième très vite. Attention de ne rien casser !

Vrai ou faux ?

La Lune est responsable des marées sur Terre.

Vrai. La Lune exerce, comme la Terre, une force de gravité capable d'attirer les objets. Cette force se ressent jusque sur la Terre. Elle attire l'eau des océans et crée les marées.

3 Observe l'endroit où sont tombées les chaussettes. Si tu avais un canon à chaussettes pour les lancer encore plus vite, où tomberaient-elles ?

Plus tu lances les chaussettes vite, plus elles retombent loin. Si tu pouvais les lancer suffisamment vite, elles se mettraient à tourner autour de la Terre sans jamais retomber. C'est ce qui se passe avec la Lune. Elle est attirée par la force de gravité de la Terre, mais comme elle a une vitesse gigantesque, elle tourne autour sans tomber dessus. On dit qu'elle est en orbite autour de la Terre.

ON A MARCHÉ SUR LA LUNE

L'aventure Apollo 11

Le grand départ

16 juillet 1969 : une fusée décolle des États-Unis. À bord : trois hommes, de la nourriture et des réserves d'air pour vivre plusieurs jours dans l'espace. Ils filent vers la Lune à la vitesse folle de 40 000 km par heure.

La Lune !

Après trois jours de voyage, ils atteignent la Lune. De difficiles manœuvres commencent alors pour s'y poser. Opération réussie ! Neil Armstrong descend de la capsule et sautille sur le sol. Il est le premier homme sur la Lune ! « Un petit pas pour l'homme, un grand pas pour l'humanité », s'exclame-t-il.

Vrai ou faux ?

Quand on marche sur la Lune, on fait des bonds.

Vrai. Sur la Lune, la gravité est 6 fois plus faible que sur la Terre. C'est comme si on était 6 fois moins lourd. Un petit saut, et hop !, on s'envole très haut.

Au travail

Les astronautes plantent un drapeau américain et récoltent 20 kilos de cailloux lunaires. Après une journée, ils décollent pour le voyage retour. À leur arrivée sur Terre, ils sont fêtés en héros !

Retournera-t-on sur la Lune ?

Entre 1969 et 1972, douze Américains ont posé le pied sur la Lune. Depuis, plus rien ! De temps en temps, on entend parler de projets d'hôtels lunaires. Mais ce n'est pas encore pour les prochaines vacances !

LES CRATÈRES

Fais des cratères !

Il te faut :
- une bille
- un yaourt
- une cuillère

1 Lave la bille pour qu'elle soit propre.

2 Avec la cuillère, remue le yaourt pour qu'il soit onctueux. Aplanis la surface.

3 Laisse tomber la bille dans le yaourt d'une hauteur d'environ 20 centimètres. Observe la forme de l'impact.

4 Avec la cuillère, récupère la bille, aplanis la surface du yaourt et recommence.

Le sais-tu ?

La Lune tourne autour de la Terre. Mais elle tourne aussi sur elle-même, à la même vitesse. Du coup, depuis la Terre, on voit toujours le même côté de la Lune. L'autre côté s'appelle la « face cachée ».

Lorsque la bille tombe dans le yaourt, elle forme un creux rond. C'est ainsi que les cratères lunaires se sont formés. Ils ne sont pas dus à des volcans mais à la chute de cailloux venus de l'espace, les météorites. Certaines météorites étaient grosses, d'autres petites. Certaines sont tombées lorsque la Lune était encore jeune et sa surface molle. D'autres sont tombées plus récemment. Du coup, il existe toutes sortes de cratères, de moins d'un kilomètre de diamètre à plus de 200 kilomètres !

LA NAISSANCE DE LA LUNE

Un passé agité

Un choc énorme

Après avoir longuement étudié la Lune, les astronomes ont compris comment elle serait apparue.
Il y a environ 4,5 milliards d'années, une planète de la taille de Mars aurait percuté la Terre.

Une multitude de débris

Des débris auraient été projetés en l'air à une vitesse si grande qu'ils se seraient mis à tourner autour de la Terre.

Un anneau autour de la Terre

Ces débris auraient formé un anneau, comme ceux de la planète Saturne.

Une légende

Pour les Égyptiens, la Lune était l'œil gauche du dieu faucon Horus. Brisé en morceaux lors d'une guerre, il mettait du temps à guérir. C'est pourquoi la Lune avait ses phases.

L'anneau devient Lune

Les débris se seraient ensuite agglutinés les uns aux autres pour former un nouvel astre.

Et voilà la Lune !

Bien sûr, tout ceci n'est qu'une hypothèse : à l'époque, il n'y avait pas encore de vie sur la Terre. Et donc aucun homme pour l'observer.

J'ai quitté la Lune et je m'approche maintenant du Soleil. On dirait une énorme boule de feu. Et d'ailleurs, je cuis ! As-tu des choses intéressantes à m'apprendre à son sujet ?
KEZAKO

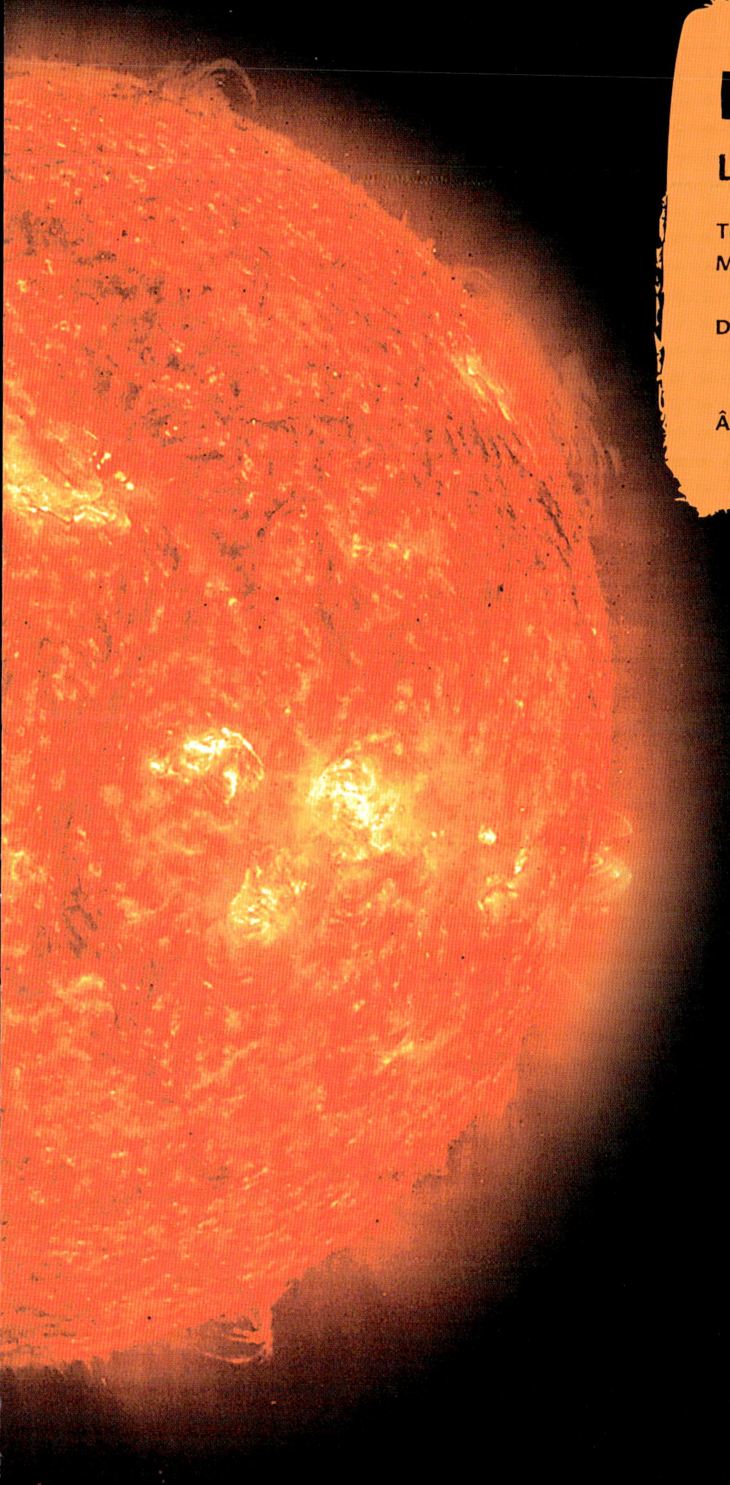

LE SOLEIL

Le Soleil est notre étoile.

Taille : 110 fois plus large que la Terre
Masse : 330 000 fois plus lourd que la Terre
Distance : le Soleil est 400 fois plus éloigné de la Terre que ne l'est la Lune
Âge : un peu plus vieux que la Terre

OBSERVER LE SOLEIL

Fabrique un écran solaire

1 Dessine au milieu du carton un rond de la taille de l'objectif de la jumelle. Découpe-le.

Il te faut :

- une paire de jumelles
- deux feuilles de carton blanc
- du ruban adhésif
- des ciseaux
- un crayon

2 Scotche le carton sur les jumelles puis attends le Soleil.

3 Ton carton non troué sert d'écran. Tiens les jumelles à 20 cm de l'écran dans la direction du Soleil. Bouge-les jusqu'à ce que le Soleil apparaisse sur l'écran.

Attention !
Il ne faut jamais regarder directement le Soleil, même avec des lunettes de soleil, et surtout pas avec des jumelles. Ses rayons te brûleraient le fond des yeux et pourraient te rendre aveugle !

4 En te faisant aider par un adulte, règle la netteté de l'image. Si un nuage couvre le Soleil, tu le verras sur l'écran.

Les rayons de lumière du Soleil passent à travers les jumelles puis se projettent sur le carton blanc. Tu vois ainsi l'image du Soleil comme sur un écran de cinéma. Et sans danger ! Avec un peu de chance, tu pourras observer les taches solaires. Ce sont des taches sombres qui apparaissent à la surface du Soleil. À ces endroits, la température y est un peu plus froide : « seulement » 3500 degrés, contre 5500 degrés partout ailleurs.

AU CŒUR DU SOLEIL

Visite une centrale nucléaire !

Une boule de gaz
Le Soleil est une boule de gaz très chaude. Ce gaz est principalement de l'hydrogène et de l'hélium.

Un cœur nucléaire
Le cœur du Soleil est comme une centrale nucléaire naturelle. L'hydrogène se transforme en hélium et cela produit beaucoup de chaleur. Ici, il fait 15 millions de degrés.

La chaleur voyage
La chaleur fabriquée au cœur du Soleil voyage vers l'extérieur.

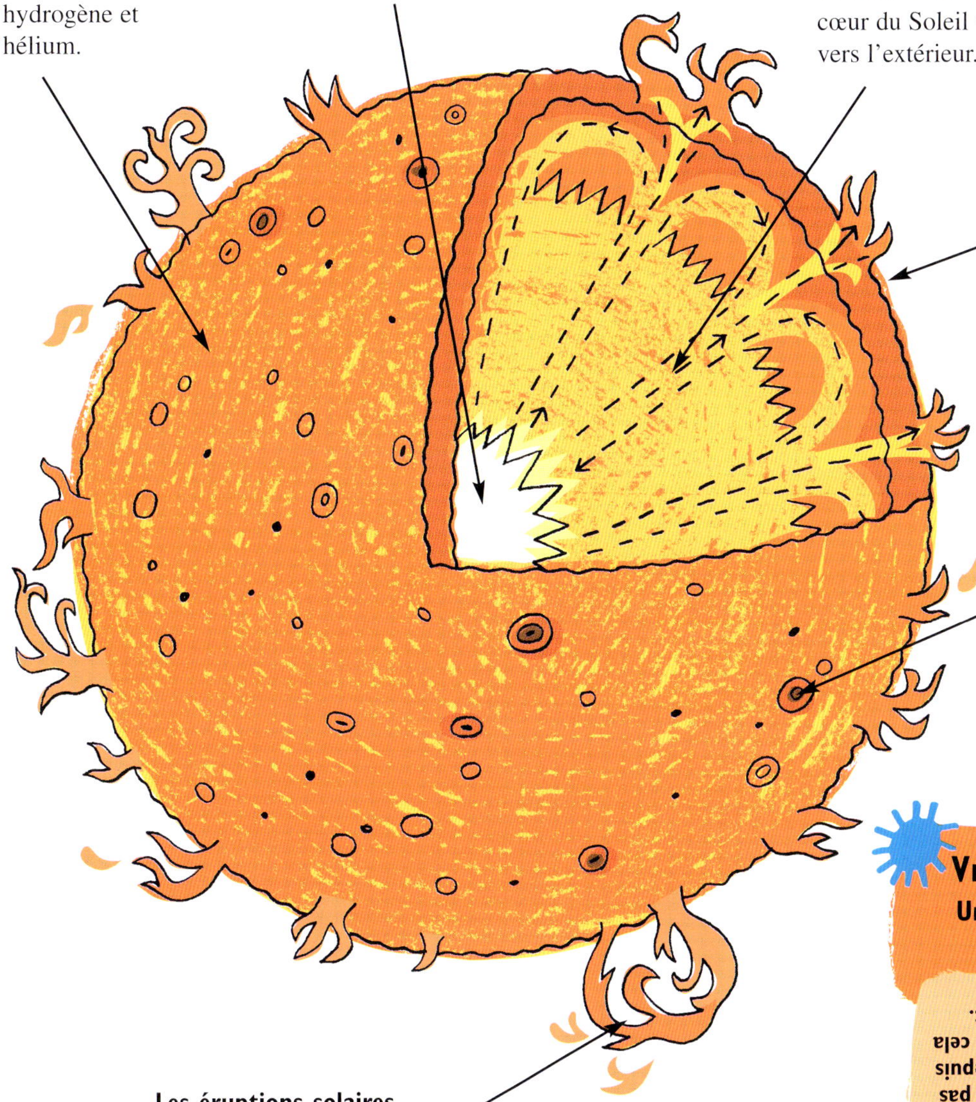

La lumière
Lorsque la chaleur arrive à la dernière couche, elle produit de la lumière. C'est elle qui nous éclaire.

Les taches solaires
La surface du Soleil est parsemée de taches sombres. La température y est un peu plus basse. Cette tache-ci est grande comme la Terre !

Les éruptions solaires
Des éruptions se produisent parfois à la surface du Soleil. Ce sont d'immenses jets de gaz.

Vrai ou faux ?

Un jour, le Soleil s'éteindra.

Vrai. Pour fabriquer de la chaleur, le Soleil brûle son hydrogène. Lorsque tout l'hydrogène sera consommé, le Soleil s'éteindra. Mais pas d'inquiétude : il brille depuis 4,6 milliards d'années et cela durera encore autant.

UNE USINE À LUMIÈRE

Fabrique une épingle lumineuse

1 Coince l'épingle au bout de la pince à linge.

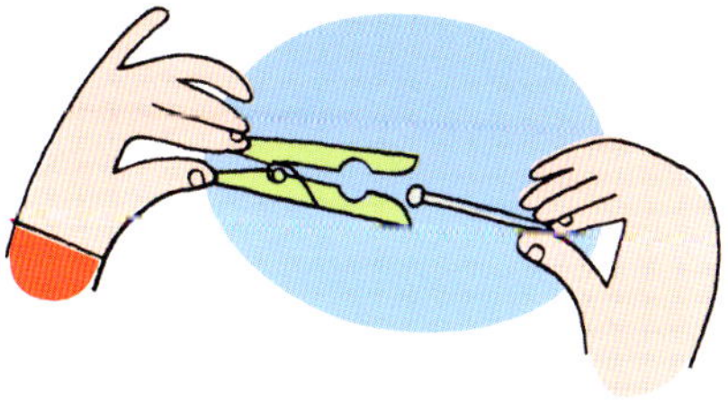

Il te faut :
- une bougie
- une épingle
- une pince à linge
- un adulte

2 Demande à l'adulte d'allumer la bougie et fais l'obscurité dans la pièce.

Le sais-tu ?

Chaque centimètre carré de la surface du Soleil (c'est la taille d'un ongle !) produit autant de lumière que 500 000 bougies !

3 Tiens la pince à linge de façon à ce que la pointe de l'épingle soit dans la flamme.

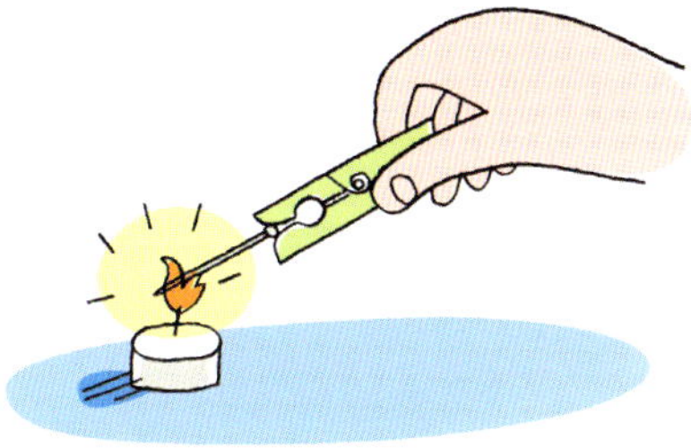

4 Après quelques secondes, enlève l'épingle de la flamme. Est-elle rouge et lumineuse ? Attention de ne jamais toucher l'épingle brûlante !

L'épingle chauffée produit de la lumière. La lumière est formée de photons, qu'on peut comparer à de petits grains d'énergie. Le fer chaud en fabrique : c'est pour cela qu'il devient lumineux. Mais comme ils sont peu nombreux et possèdent peu d'énergie, ils éclairent peu. Les gaz surchauffés du Soleil produisent également des photons. D'énormes quantités ! Les photons du Soleil partent ensuite dans toutes les directions. Il leur faut huit minutes pour faire le trajet jusqu'à la Terre. Ce sont eux qui, arrivés sur notre planète, nous éclairent.

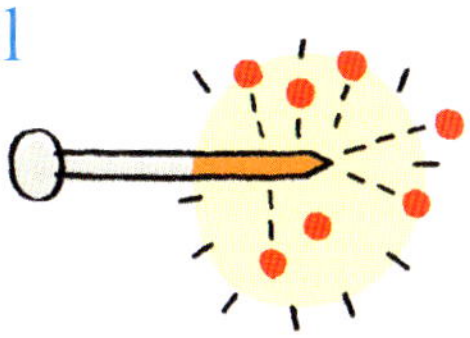

INDISPENSABLE À LA VIE !

Réalise un four solaire

1 Par une journée ensoleillée, laisse le thermomètre au Soleil pendant quinze minutes. Note la température.

Il te faut :
- une barquette en polystyrène noir
- du film alimentaire transparent
- un thermomètre
- une montre

2 Place le thermomètre dans la barquette en polystyrène noir. Emballe-la avec le film alimentaire.

Le sais-tu ?

On utilise parfois l'énergie du Soleil pour chauffer les piscines. L'eau circule dans des panneaux solaires semblables à ton four solaire, où elle est réchauffée.

3 Laisse la barquette au Soleil pendant quinze minutes. La température est-elle la même qu'avant ?

Dans la barquette, il fait 15 à 20 degrés plus chaud que dehors. Un vrai four ! L'été, on pourrait y cuire un œuf en une heure. Comment fonctionne-t-il ? Lorsque la lumière du Soleil arrive sur la barquette, elle se transforme en chaleur. La couleur noire est la meilleure pour cela. Cette chaleur est alors prisonnière : elle ne peut s'échapper ni par le haut à cause du film plastique, ni par le bas à cause du polystyrène. Sans la chaleur du Soleil, il ferait sur Terre 270°C sous zéro. Toute l'eau gèlerait et la vie deviendrait impossible…

LES ÉCLIPSES

Éclipse une lampe de poche

1 Coupe un morceau de fil. Scotche un bout du fil à la bille.

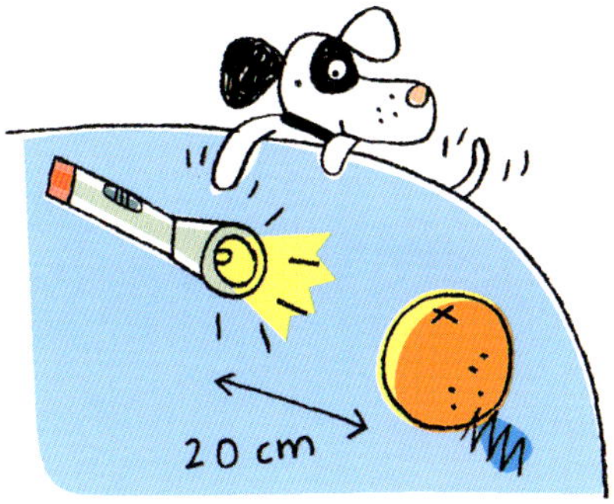

2 Pose la lampe de poche allumée sur une table. Pose l'orange à environ 20 cm, dans la lumière de la lampe. Fais l'obscurité dans la pièce.

3 Tiens la bille par le fil. Fais-la passer entre la lampe de poche et l'orange. Vois-tu l'ombre de la bille sur l'orange ?

Il te faut :

- une lampe de poche
- une orange
- une bille en terre
- du fil
- du ruban adhésif

Vrai ou faux ?

Il existe des éclipses de Soleil, mais aussi des éclipses de Lune.

Vrai. Elles se produisent la nuit, lorsque la Terre se trouve exactement entre la Lune et le Soleil. La Lune cesse d'être éclairée par le Soleil. Elle disparaît alors quelques minutes.

La lampe de poche, c'est le Soleil. L'orange, c'est la Terre. Et la bille, c'est la Lune. La Lune tourne autour de la Terre. Parfois, elle passe exactement entre le Soleil et la Terre. Sur Terre, on se retrouve alors dans l'ombre de la Lune. On ne voit plus le Soleil puisque la Lune le cache. C'est une éclipse de Soleil. Pour que cela se produise, l'alignement doit être parfait, ce qui est assez rare. En France, la dernière éclipse totale de Soleil s'est produite le 11 août 1999. La prochaine visible depuis la France aura lieu le 3 septembre… 2081 !

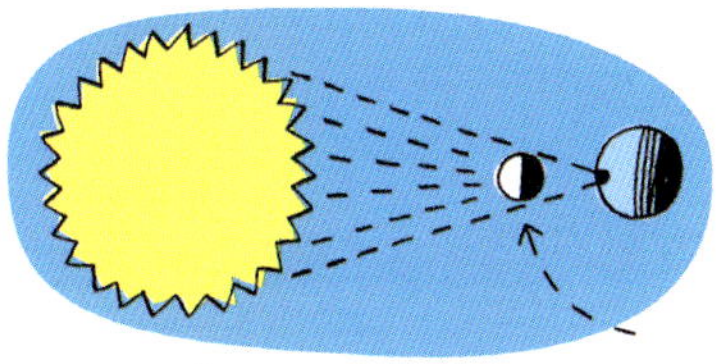

Éclipse de Soleil

Éclipse de Lune

Allô la Terre ?
Devine quoi ! La Terre n'est pas la seule planète à tourner autour du Soleil. En m'éloignant du Soleil, j'en ai croisé plusieurs autres : une toute rouge, une énorme, et voici Saturne avec ses magnifiques anneaux.
On fait une escale ?

LES PLANÈTES

Huit planètes tournent autour du Soleil.

En partant du Soleil, on trouve, dans l'ordre : Mercure, Vénus, Terre, Mars, Jupiter, Saturne, Uranus, Neptune. Toutes, sauf la Terre, portent le nom de dieux gréco-romains : Vénus était la déesse de l'amour, Mars le dieu de la guerre, Neptune celui de la mer…

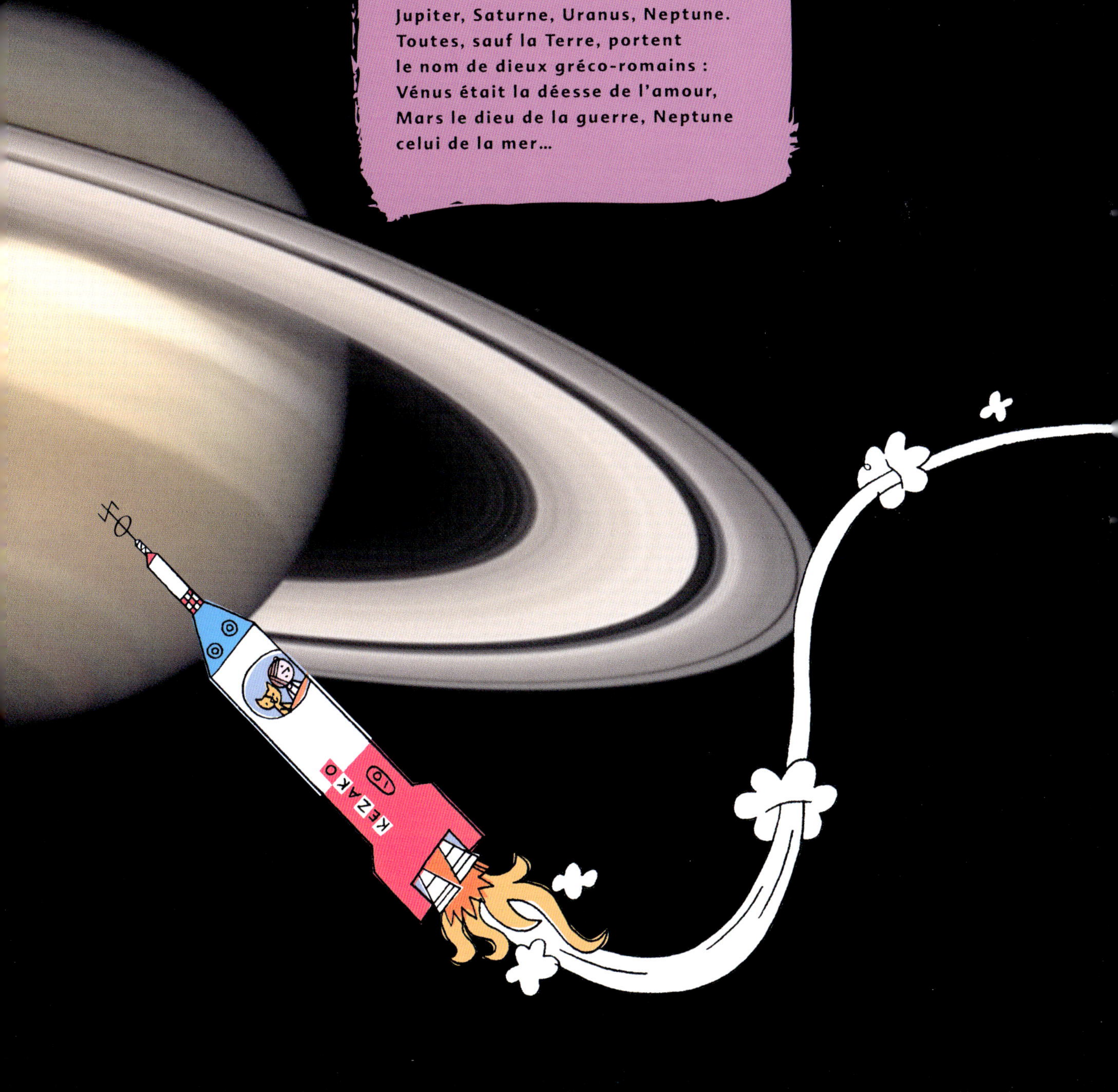

OBSERVER LES PLANÈTES

Reconnais les planètes

Les planètes ne scintillent pas

Une nuit sans nuage, observe le ciel. Presque tous les points brillants que tu vois scintillent : ce sont des étoiles. Les planètes, elles, ne clignotent pas. Elles sont assez proches de la Terre et leur image est peu déformée par l'atmosphère terrestre. Si tu veux voir une planète, cherche dans le ciel un point qui ne scintille pas !

Les planètes bougent

As-tu vu une planète ? Note sur un carnet sa position par rapport aux étoiles voisines. Quelques jours plus tard, reviens à la même heure. Les étoiles seront à peu près au même endroit que la dernière fois. La planète, elle, aura bougé. Le mot « planète » vient d'ailleurs du grec signifiant « errant », c'est-à-dire « bougeant ».

Bienvenue au club !

Observer les planètes n'est pas facile. Elles ne sont pas toujours visibles et il faut savoir à quel endroit du ciel les chercher. Mets toutes les chances de ton côté en allant dans un club d'astronomie. Il y en a certainement un près de chez toi. Un astronome amateur te fera découvrir les planètes et plein d'étoiles intéressantes. Et tu pourras jeter un œil dans un vrai télescope !

Quelles planètes voir ?

Cinq planètes sont visibles à l'œil nu : Mercure, Vénus, Mars, Jupiter et Saturne. Mais pas toutes les nuits ! Vénus, appelée à tort « étoile du berger », est la plus brillante. C'est la première à apparaître le soir et la dernière à disparaître la matin. Jupiter, lorsqu'elle est visible, est aussi très brillante. Mars se reconnaît à sa couleur orangée. Et avec des jumelles, il est possible de voir les anneaux de Saturne.

PLANÈTE OU ÉTOILE ?

Pourquoi les astres brillent-ils ?

1 Avec un copain, faites le noir dans une pièce. Le copain prend une bille au hasard et te la montre. Dans le noir complet, peux-tu dire sa couleur ?

Il te faut
- une lampe de poche
- des billes ou des balles de différentes couleurs…
- un copain

2 Ton copain allume la lampe de poche mais n'éclaire pas la bille. Reconnais-tu sa couleur ? Et s'il éclaire la bille ?

Vrai ou faux ?

Jupiter est une planète si grosse qu'elle fabrique sa propre lumière ?

Faux ! Jupiter ne fabrique pas de lumière.

3 Éteignez la lampe de poche et allumez une autre lampe de la chambre. Peux-tu dire la couleur des billes ?

Il existe deux sortes d'objets : ceux qui fabriquent de la lumière (une lampe, une bougie…) et ceux qui n'en fabriquent pas (une bille, une table…). Le Soleil et les étoiles sont comme des ampoules allumées : ils fabriquent leur propre lumière. Les planètes sont comme des billes : elles n'en fabriquent pas. Les planètes brillent dans le ciel seulement parce qu'elles sont éclairées par le Soleil. Sans la lumière du Soleil, elles seraient aussi invisibles que tes billes dans le noir.

LES HUIT PLANÈTES

Réalise une maquette

1 Avec la pâte à modeler, fais une boulette de 2 mm de diamètre. C'est tout petit ! Colle-la sur une feuille et écris dessous : « Terre »

Il te faut :

- un ballon de foot
- de la pâte à modeler
- une règle graduée
- huit feuilles de papier
- un stylo
- de la colle liquide

2 Recommence pour les autres planètes. Mercure : 1 mm. Vénus : 2 mm. Mars : 1 mm. Jupiter : 23 mm. Saturne : 19 mm. Uranus : 8 mm. Neptune : 8 mm.

3 Imagine : si le Soleil avait la taille d'un ballon de foot, les planètes auraient la taille des boulettes. Minuscule, non ?

4 Maintenant, on sort ! Avec un adulte, trouve un endroit droit et plat : un trottoir, par exemple. Pose le ballon par terre puis fais 9 grands pas. Pose la feuille « Mercure ». La planète est à cette distance du Soleil.

5 Fais 8 pas de plus et pose la feuille « Vénus », puis 6 pour la Terre, 13 pour Mars, 87 pour Jupiter, 103 pour Saturne, 229 pour Uranus et 260 pour Neptune.

As-tu mis toutes les planètes ? Tu es courageux : tu as marché près de 700 mètres ! En réalisant cette maquette, tu te rends compte que les planètes sont minuscules par rapport au Soleil. Tu t'aperçois aussi que Mercure, Vénus, la Terre et Mars sont assez proches du Soleil. Jupiter, Saturne, Uranus et Neptune en sont très éloignées.

LES PLANÈTES SOLIDES

Découvre nos voisins

Mercure

Couverte de cratères, elle ressemble un peu à la Lune. Comme elle est proche du Soleil, la température y est très chaude : 430 degrés pendant la journée !

Vénus

C'est la sœur jumelle de la Terre. Elles ont la même taille et possèdent toutes les deux une atmosphère. Mais sur Vénus, c'est l'enfer ! L'air est essentiellement composé de gaz carbonique. Il est irrespirable et brûlant. Et il pleut de l'acide…

Le truc de l'astronome

Pour te souvenir de l'ordre des planètes, retiens cette phrase : « Me Voici Toute Mignonne, Je Suis Une Nébuleuse. » La première lettre de chaque mot te donne l'initiale des planètes.

Terre

Elle, tu la connais bien. Grâce à la présence d'eau et à une température agréable, la vie s'y est développée. C'est la seule planète du système solaire qui soit habitée.

Mars

Pour l'instant, on n'a envoyé sur Mars que des robots. Ils ont montré qu'autrefois il y a eu de l'eau liquide sur Mars. Et peut-être de la vie ! Depuis, la planète s'est refroidie : l'eau a gelé et a été recouverte de sable. Un jour, peut-être, des hommes marcheront sur Mars, comme ils l'ont fait sur la Lune.

LES PLANÈTES GAZEUSES

Rencontre avec les géantes

Jupiter
La plus grosse ! Au cœur de la planète se trouve un noyau rocheux. Il est entouré d'une épaisse couche d'hydrogène et d'hélium. Plusieurs « lunes » tournent autour de Jupiter. Les plus grosses ont la taille de Mercure.

Saturne
La plus belle ! Avec un petit télescope, on peut admirer ses magnifiques anneaux. Ils ont l'air solides, mais ils ne le sont pas. Ce sont des milliards de poussières et de glaçons qui tournent autour de la planète, les uns à côté des autres.

Uranus
L'originale ! Toutes les planètes tournent sur elles-mêmes.
En général, elles tournent comme une toupie. Uranus, elle, tourne comme un ballon roulant par terre.

Le sais-tu ?

Plus une planète est éloignée du Soleil, plus il lui faut de temps pour en faire le tour. Sur Mercure, une année dure 88 jours, sur Terre 365 jours, sur Mars 687 jours, sur Jupiter 4332 jours, sur Neptune 60 188 jours !

Neptune
La dernière géante ! Très éloignée de la Terre, elle n'est visible qu'avec un gros télescope. Elle a donc été découverte assez récemment, en 1846. Les planètes plus proches de nous, comme Vénus ou Mars, étaient déjà connues du temps des pharaons.

LES CAILLOUX DE L'ESPACE

Chasse les météorites

1 La mi-août est la meilleure saison pour la chasse à la météorite. Dès qu'il pleut, place la cuvette dehors.

Il te faut :
- une cuvette
- un aimant
- une cuillère

2 Laisse l'eau de la cuvette s'évaporer entièrement. Puis gratte le résidu avec la cuillère.

3 Passe l'aimant sur cette poussière. Si elle est attirée par l'aimant, c'est qu'elle contient du fer. Il s'agit sans doute de poussières de météorite.

Un nouvel astre !

En 2005, les astronomes ont annoncé la découverte d'un nouvel astre au fin fond du système solaire. Plus petit que la Lune, il a été baptisé Éris et classé dans la catégorie des planètes naines, comme Pluton.

Les cailloux qui voyagent dans le système solaire portent différents noms.

• Les astéroïdes
Ce sont des roches qui tournent autour du Soleil, comme les planètes. Il y en a des milliers entre Mars et Jupiter. Et d'autres encore au-delà de Neptune.

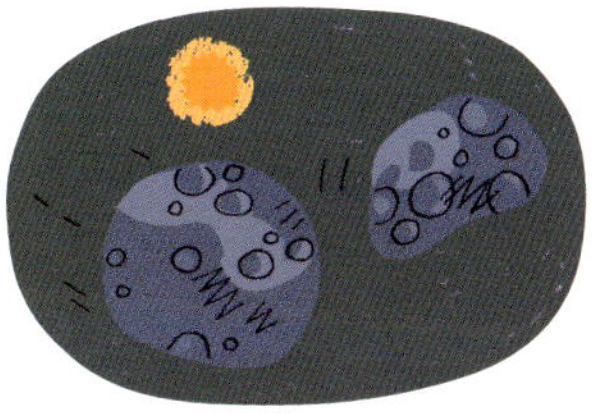

• Les comètes
Ce sont des mélanges de roche et de glace. Lorsqu'elles s'approchent du Soleil, la glace s'évapore et forme un nuage de gaz bien visible : la queue de la comète.

• Les météorites
Ce sont des cailloux de l'espace tombés sur Terre. La plus grosse connue a atterri en Afrique et pèse 60 tonnes. Mais il en tombe également chaque jour sous la forme d'invisibles poussières.

LA NAISSANCE DES PLANÈTES

L'apparition du système solaire

Il était une fois un nuage de gaz…

Les astronomes pensent qu'il y a 4,6 milliards d'années, à la place du Soleil et des planètes, il n'y avait qu'un énorme nuage de gaz et de poussières.

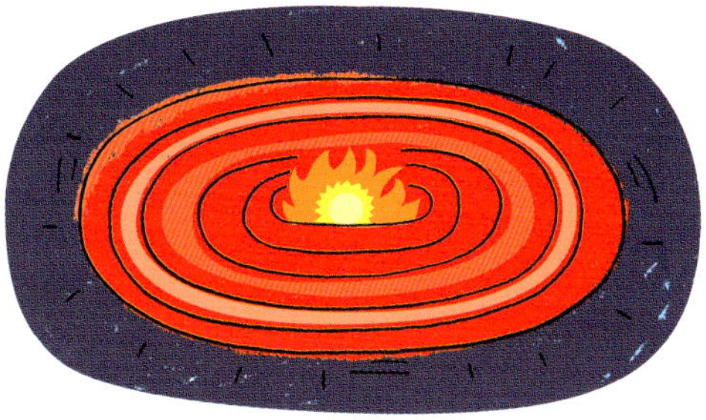

La naissance du Soleil

Comme le nuage tournait sur lui-même, il s'est aplati comme une crêpe. À cause de la force de gravité, les gaz qui se trouvaient au centre se sont regroupés. Ils ont formé une boule très concentrée et très chaude : le Soleil.

La naissance des planètes

Loin du centre, il restait un peu de matière. Ces gaz et ces poussières se sont à leur tour regroupés. Ils ont formé d'autres boules, plus ou moins grosses et plus ou moins éloignées du Soleil.

Vrai ou faux ?

Le Soleil et les planètes se sont formés en sept jours.

Faux. Il a fallu plusieurs dizaines de millions d'années pour que le système solaire se forme à partir du nuage de gaz.

Et voilà le travail !

C'est ainsi que seraient nés le Soleil, les planètes, les astéroïdes, les comètes… bref, notre système solaire.

KEZAKO
Allô la Terre ? J'ai quitté le Système solaire. Après un voyage en fusée de plus de cent mille ans dans le vide sans rien rencontrer, j'ai atteint une étoile. Elle ressemble beaucoup à notre Soleil.

LES ÉTOILES

Les étoiles sont des boules de gaz qui fabriquent de la lumière.

Depuis la Terre, on aperçoit à l'œil nu plusieurs milliers d'étoiles. En réalité, il y en a des milliards ! L'étoile la plus proche de nous, en dehors du Soleil, s'appelle Proxima du Centaure. Sa lumière met 4 ans pour arriver jusqu'à la Terre.

OBSERVER LES ÉTOILES

Les cartes du ciel nocturne

Les étoiles sont fixes

Au cours de la nuit, les étoiles semblent se déplacer dans le ciel. En réalité, elles sont fixes. C'est la Terre qui tourne sur elle-même ! Comme tu es sur la Terre, tu tournes avec elle et tu vois défiler les étoiles. Exactement comme, le jour, tu vois défiler le Soleil.

Des cartes du ciel

Puisque les étoiles sont fixes les unes par rapport aux autres, on peut les inscrire sur une carte. Tu trouveras en pages 86 et 87 la carte des étoiles visibles depuis l'hémisphère nord (Europe, Canada…) et l'hémisphère sud.

Cherche l'ours !

Pas facile de s'y retrouver, avec toutes ces étoiles ! Le plus simple est de commencer par rechercher le groupe d'étoiles appelé la « Grande Ourse ». Cherche-le sur la carte, puis dans le ciel !

Comment lire la carte ?

Au cours de la nuit, dans l'hémisphère nord, on voit les étoiles tourner en rond autour de l'étoile Polaire. Les cartes du ciel n'ont donc pas de haut ni de bas. D'ailleurs, pour reconnaître sur ta carte la forme classique de la Grande Ourse, tu dois tenir ton livre à l'envers !

À l'aventure !

Tiens ta carte au-dessus de toi. Tourne-la pour que la Grande Ourse du livre soit orientée comme celle du ciel. Sur la carte, regarde les étoiles voisines de la Grande Ourse. Les retrouves-tu dans le ciel ? N'hésite pas à te faire aider : au début, c'est un peu compliqué !

LES CONSTELLATIONS

Des dessins et des légendes !

La Grande Ourse

Lorsque dans le ciel tu vois ce groupe d'étoilcs :

autrefois, on imaginait ceci :

Il s'agissait de la nymphe Callisto, transformée en ourse par la déesse grecque Héra, jalouse. Du coup, ce groupe d'étoiles a été baptisé la Grande Ourse.

Le Bouvier

Juste à côté de la Grande Ourse, tu peux observer ce groupe d'étoiles :

Autrefois, on y voyait un bouvier, c'est-à-dire un gardien de bœufs :

Il était chargé de veiller sur la Grande Ourse. C'est donc la constellation du Bouvier.

Le sais-tu ?

Les étoiles sont réparties en 88 constellations : la Grande Ourse, le Cocher, le Taureau, les Gémeaux, la Baleine, le Grand Chien, le Scorpion, le Phénix…

Le putois ou la casserole ?

Le nom des constellations vient souvent de légendes grecques. Mais on aurait pu imaginer d'autres noms. À la place de la Grande Ourse, les indiens sioux voyaient un putois :

Et toi, pour la retrouver facilement dans le ciel, cherche une casserole avec son manche :

LA GRANDE OURSE

Réalise une maquette

1 Sur la couverture, inscris au stylo la position des étoiles de la Grande Ourse. Numérote-les de 1 à 7.

Il te faut :
- 7 billes
- du fil
- du ruban adhésif
- la couverture en carton d'un petit cahier
- une règle, un stylo et des ciseaux

2 Coupe un fil de 8 cm. Scotche un bout à une bille, l'autre bout sur le point 1.

3 Recommence avec un fil
de 14 cm au point 2 ;
de 13 cm au point 3 ;
de 13 cm au point 4 ;
de 12 cm au point 5 ;
de 14 cm au point 6 ;
de 4 cm au point 7.

Le sais-tu ?

L'étoile de la Grande Ourse la plus proche de nous se trouve à 80 années-lumière de distance. Cela signifie que sa lumière met 80 ans à faire le trajet jusqu'à la Terre.

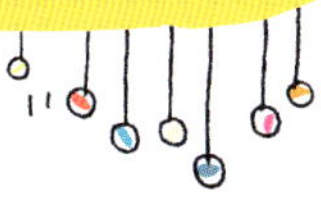

4 Demande à un adulte de scotcher la couverture sous la traverse d'une porte ouverte.

5 Place-toi sous la maquette et ferme un œil. Vois-tu la Grande Ourse ? Et si tu t'éloignes de la porte, la reconnais-tu toujours ?

Sous la porte, tu reconnais la forme de la Grande Ourse. Et tu ne t'aperçois même plus que certaines billes sont plus près de toi que d'autres. Il se passe la même chose avec les étoiles. Elles ne sont pas toutes à la même distance de la Terre, mais on ne s'en aperçoit pas. Pour l'observer, il faudrait regarder ces étoiles d'un autre point de l'espace. La Grande Ourse aurait alors une autre forme. Comme tes billes quand tu t'éloignes de la porte.

TOUTES SORTES D'ÉTOILES

Décompose la lumière

1 Un jour ensoleillé, mets la face argentée du disque dans la lumière du Soleil. Vois-tu apparaître les couleurs de l'arc-en-ciel ?

Il te faut :
- **un vieux CD (de couleur argentée)**
- **du papier**
- **des crayons de couleur**

2 Pose le papier sur le disque et reproduis l'arc-en-ciel avec les couleurs dans l'ordre.

3 Place ensuite le disque sous différentes ampoules : classique, halogène, néon… Obtiens-tu encore des arcs-en-ciel ? Sont-ils exactement les mêmes ?

Vrai ou faux ?

Dans la famille des étoiles, le Soleil se situe parmi les très grosses étoiles.

Faux ! Le Soleil est une petite étoile. Certaines sont cent fois plus grosses. Mais comme elles sont très éloignées de nous, elles nous paraissent minuscules.

La lumière du Soleil paraît blanche. En réalité, c'est un mélange de toutes les couleurs de l'arc-en-ciel. Grâce au disque, tu défais le mélange et tu peux alors voir les couleurs séparées. On appelle cela un spectre. Chaque lumière a son propre spectre : ceux du Soleil, d'une ampoule ou d'une étoile sont légèrement différents. C'est un peu leur carte d'identité. Ainsi, les étoiles très chaudes, comme Sirius, ont un spectre qui contient beaucoup de bleu. Les étoiles froides, comme Bételgeuse, ont beaucoup de rouge. Le spectre d'une étoile permet de connaître sa température, mais aussi sa vitesse et les matériaux qui la composent.

VIE ET MORT D'UNE ÉTOILE

Une longue histoire...

Avant la naissance

Voici comment naît et meurt une étoile de la taille du Soleil. Au départ, il y a un nuage de gaz et de poussières : la nébuleuse.

La naissance

Les gaz et les poussières se regroupent ensuite en raison des forces de gravité. Ils forment une boule de gaz qui s'échauffe : l'étoile s'allume.

La vie

L'étoile brille pendant plusieurs milliards d'années. Ensuite, lorsqu'elle a brûlé tout son carburant, sa mort est proche. Elle grossit, se refroidit et rougit. Elle devient une géante rouge.

La mort

L'étoile éjecte ensuite une partie de sa matière vers l'espace.

Après la mort

Il ne reste alors plus que le cadavre de l'étoile, appelé naine blanche. Grosse comme une planète, elle refroidit lentement et s'éteint.

Le sais-tu ?

Les très grosses étoiles meurent différemment des petites. Elles explosent violemment puis s'effondrent sur elles-mêmes. Il reste alors un noyau appelé « trou noir ». Il est si dense que même la lumière ne peut s'en échapper.

Y A QUELQU'UN ?

Ces antennes géantes servent à observer le ciel, pour mieux connaître les étoiles. Les utilisera-t-on un jour pour communiquer avec d'éventuels extraterrestres ?

Où trouver des extraterrestres ?

Y a-t-il des extraterrestres dans le système solaire ?

Non ! Les observations faites sur Mars, sur Vénus et sur les autres planètes du système solaire n'ont rien donné. Aucun petit homme vert dans les parages !

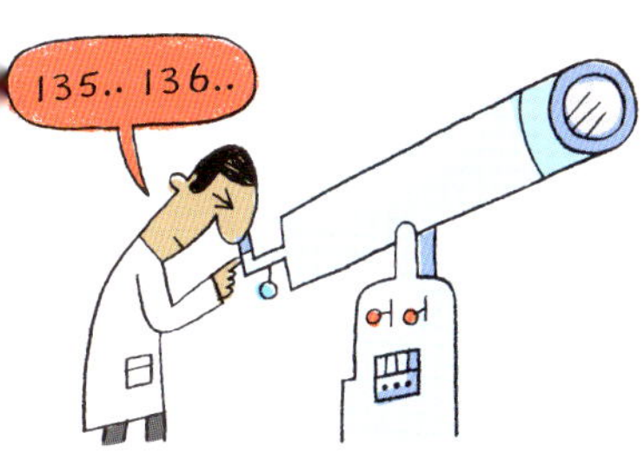

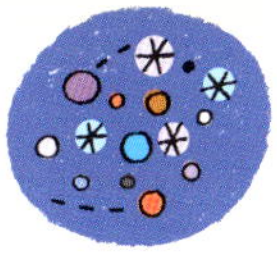

Où chercher des extraterrestres ?

Les extraterrestres, s'ils existent, vivent comme nous sur des planètes. Existe-t-il d'autres planètes, en dehors des huit du système solaire ? Oui ! Depuis 1996, les astronomes en ont détecté des centaines. Elles tournent autour d'étoiles lointaines, comme la Terre tourne autour du Soleil.

Y a-t-il de la vie sur ces planètes lointaines ?

L'Univers est tellement grand qu'il serait étonnant que la vie ne soit apparue que sur la Terre. Il y a donc peut-être de la vie sur d'autres planètes. Mais si c'est le cas, quelle forme a-t-elle pris ? celle de microbes ? d'animaux ? d'êtres intelligents capables de communiquer avec nous par radio ?

Vrai ou faux ?

On a déjà retrouvé le corps d'un extraterrestre sur Terre.

Faux ! Aucun extraterrestre ni aucun vaisseau n'a été retrouvé sur Terre. Parfois, des gens observent des lumières bizarres dans le ciel, mais ce sont souvent de simples avions...

Allô, y a quelqu'un ?

En 1974, un message radio a été envoyé depuis la Terre vers l'espace. Et aujourd'hui, des antennes géantes écoutent d'éventuels messages envoyés par des extraterrestres. Mais pour l'instant, c'est le silence radio. À ce jour, personne ne peut démontrer que les extraterrestres existent. Et personne ne peut démontrer qu'ils n'existent pas !

Notre voyage imaginaire est presque fini. Si on pouvait s'éloigner assez de la Terre, on s'apercevrait que les milliards d'étoiles qui nous entourent forment une spirale, la galaxie. Et qu'il existe des milliards d'autres galaxies, comme toutes celles que l'on voit ici...
KEZAKO
10

LES GALAXIES

Une galaxie est un vaste ensemble d'étoiles.

La galaxie dans laquelle nous vivons s'appelle la «Voie lactée ».

Diamètre de notre galaxie :
100 000 années-lumière.

Nombre d'étoiles dans notre galaxie :
200 milliards.

OBSERVER LES GALAXIES

Tout pour voir !

Un « attrape-lumière »

Les étoiles fabriquent de la lumière. Cette lumière voyage ensuite dans l'espace et une partie arrive sur Terre. Pour voir une étoile, tu dois capter sa lumière. Pour cela, il te faut un outil « attrape-lumière » : tes yeux, une lunette ou un télescope.

L'œil

Quand tu regardes le ciel, ton œil recueille la lumière des étoiles : à l'avant de l'œil une ouverture, la pupille, laisse passer la lumière. Mais la pupille fait seulement quelques millimètres de largeur. Elle récolte donc peu de lumière. Si la lumière d'un astre est trop faible, ton œil ne la verra pas.

La lunette

La lunette astronomique et les jumelles sont des loupes. À l'avant, de larges ouvertures recueillent beaucoup de lumière. Elle est ensuite concentrée grâce à des lentilles et envoyée vers ton œil. Comme tu captes plus de lumière, tu peux voir des étoiles invisibles à l'œil nu.

Le sais-tu ?

La lunette et le télescope sont des inventions assez récentes. La lunette date de 1608 et le télescope de 1671. Auparavant, l'observation du ciel se faisait uniquement à l'œil nu.

Le télescope

Dans les télescopes, les lentilles sont remplacées par des miroirs. C'est moins cher et plus pratique. Le miroir peut faire jusqu'à dix mètres de diamètre ! Il récolte alors énormément de lumière. Même les galaxies les plus lointaines deviennent visibles !

LA VOIE LACTÉE

Réalise une maquette

Il te faut :

- du carton
- un crayon
- des ciseaux
- une aiguille à tricoter

1 Sur le carton, dessine une spirale à quatre bras. Au bout de l'un des bras, marque un point noir : c'est la Terre.

2 Découpe la spirale. Transperce-la au centre avec l'aiguille à tricoter.

3 Observe ta galaxie : quelle forme a-t-elle si tu la regardes d'en haut ?

4 Regarde-la maintenant de profil avec les yeux près du point noir. Quelle forme a-t-elle ?

Une autre expérience

Dans un bol, fais tourner doucement du café chaud avec une cuillère. Enlève la cuillère et verse quelques gouttes de crème liquide. Une spirale de crème apparaîtra, avec une forme de galaxie.

Vue d'en haut, ta spirale ressemble à une spirale. Vue de profil, elle ressemble à… une bande blanche ! Il se passe la même chose avec notre galaxie. Elle a bien la forme d'une spirale. Si on pouvait prendre assez de hauteur, on s'en apercevrait. Le problème, c'est qu'on la voit depuis la Terre. Or, notre planète se trouve dans l'un des bras de la spirale. On voit donc toujours notre galaxie de profil : elle nous apparaît comme une bande laiteuse, une « voie lactée ».

DES GALAXIES TRÈS LOINTAINES

Remonte le temps

1 Sur le carnet, dessine la forme de la bouteille le plus précisément possible.

2 Place la bouteille sous le robinet. Ouvre légèrement le robinet. Après quelques secondes, dessine le niveau d'eau sur le carnet. Laisse couler l'eau.

3 Va au salon et montre ton carnet à quelqu'un. Le niveau qu'il voit sur le dessin correspond-il au niveau actuel dans la bouteille ? Cours dans la cuisine le vérifier !

Il te faut :

- une bouteille vide transparente
- un évier
- un carnet
- un crayon

Le sais-tu ?

Plus on regarde un objet lointain, plus on remonte dans le temps. Les astronomes peuvent ainsi voir la formation des toutes premières galaxies, peu après la naissance de l'Univers.

Pendant que tu allais de la cuisine au salon, le temps a passé. Au moment où tu montres ton dessin, la vraie bouteille est plus remplie que sur ton dessin. Ton schéma est donc une image du passé. Il se produit la même chose avec les étoiles et les galaxies. La lumière qu'elles envoient est un peu comme une photo d'elles. Mais cette photo a besoin de temps pour arriver jusqu'à la Terre. Si l'image d'une galaxie met 300 millions d'années pour nous parvenir, on y voit le visage qu'avait cette galaxie il y a… 300 millions d'années !

LA NAISSANCE DE L'UNIVERS

Le Big Bang

L'explosion initiale

L'Univers serait né il y a environ 15 milliards d'années. Une explosion extraordinaire aurait libéré une énergie incroyable. On l'a baptisée « Big Bang », ce qui signifie en anglais le « grand boum ».

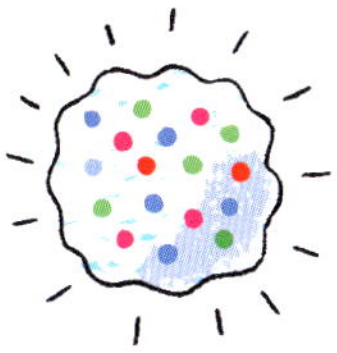

La matière apparaît

Peu après l'explosion, de minuscules grains de matière se seraient formés : les protons, les neutrons, les électrons, puis les atomes… L'Univers, jusqu'alors opaque comme de la soupe, serait devenu transparent.

Les premières étoiles

L'Univers aurait alors grossi et refroidi. Les premières étoiles et les premières galaxies se seraient formées à partir des nuages de gaz et de poussières…

Aujourd'hui

Actuellement, l'Univers continue de grossir comme un ballon. Les astronomes en ont eu la preuve en observant les galaxies voisines de la nôtre : elles s'éloignent de nous.

Une dernière expérience

Avec un marqueur, dessine une dizaine de petites galaxies sur un ballon de baudruche dégonflé. Lorsque tu gonfles le ballon, les galaxies s'éloignent les unes des autres. Il se passe la même chose dans l'Univers.

Et demain ?

Les scientifiques ignorent ce qui se passera dans un avenir lointain : peut-être l'Univers continuera-t-il de grossir éternellement. Peut-être se stabilisera-t-il. Peut-être diminuera-t-il de taille... Mystère !

Dico

Année-lumière. C'est une unité de mesure des distances, qui correspond à la distance parcourue par la lumière pendant un an. Une année-lumière égale 9,4 millions de millions de kilomètres. L'étoile Proxima du Centaure se trouve à 4 années-lumière de la Terre.

Astéroïde. C'est un caillou de l'espace, plus petit qu'une planète, qui tourne autour du Soleil (page 57).

Astre. C'est un objet céleste naturel. Cela peut être une étoile, une planète, une comète, une lune… L'astronomie est l'étude des astres.

Atmosphère. C'est une couche de gaz qui entoure certaines planètes. Sur Terre, elle correspond à l'air que nous respirons (page 11).

Comète. C'est une boule d'eau gelée et de roche. Lorsqu'elle s'approche du Soleil, la glace s'évapore et forme une queue (page 57).

Constellation. C'est un petit groupe d'étoiles formant un dessin et à qui on a donné un nom. Par exemple, la constellation de la Grande Ourse (pages 65 et 67).

Étoile. C'est un astre capable de fabriquer sa propre lumière. Le Soleil est une étoile (pages 32 à 43 puis 60 à 73).

Galaxie. C'est un vaste ensemble d'étoiles, souvent en forme de spirale. La galaxie dans laquelle nous vivons s'appelle la Voie lactée (pages 74 à 83).

Gravité. C'est une force qui fait que deux objets s'attirent. Si la Terre tourne autour du Soleil et ne file pas tout droit, c'est parce qu'elle est attirée par la force de gravité du Soleil (page 17).

Météorite. C'est un caillou de l'espace tombé sur la Terre ou sur une autre planète (pages 29 et 57).

Orbite. C'est la trajectoire d'un astre tournant autour d'un autre astre. L'orbite de la Lune autour de la Terre est une ellipse, c'est-à-dire un cercle un peu aplati (page 25).

Planète. C'est un astre de grande dimension qui ne fabrique pas de lumière et qui tourne autour d'une étoile. La Terre, Mars ou Jupiter sont des planètes (pages 44 à 59).

Satellite. C'est un objet céleste qui tourne autour d'une planète. Deux sortes de satellites tournent autour de la Terre : les satellites artificiels fabriqués par les hommes, par exemple pour envoyer des images de télévision, et un satellite naturel, la Lune (pages 18 à 31).

Système solaire. C'est l'ensemble formé par le Soleil et les astres qui lui tournent autour, comme les planètes ou les astéroïdes.

Univers. C'est l'ensemble des galaxies et de tout ce qui existe (page 83).

Pour en savoir plus...

Les planétariums

Les planétariums sont des salles de spectacle en forme de grosse boule. À l'intérieur, sur le plafond arrondi, on projette des petites lumières qui représentent les astres. Cela permet aux spectateurs de comprendre le mouvement des planètes dans le ciel ou encore de découvrir les constellations. C'est à la fois très beau et très instructif.

Il existe plusieurs planétariums en France (Paris, Strasbourg, Marseille, Toulouse, Nantes...), en Belgique (Bruxelles...), en Suisse (Lucerne...) ou au Canada (Montréal...). Demande à un adulte de chercher leurs adresses en tapant « planétarium » sur un moteur de recherche.

Les clubs d'astronomes amateurs

Les astronomes amateurs sont des passionnés qui, le soir, observent les étoiles pour leur plaisir. Ils possèdent généralement une lunette ou un petit télescope. Ils se réunissent souvent dans des clubs d'astronomie. Tu y seras toujours le bienvenu !

Pour connaître le club le plus proche de chez toi, demande à un adulte d'appeler l'Association Française d'Astronomie (01 45 89 81 44) ou la Société Astronomique de France (01 42 24 13 74), ou encore de taper « club d'astronomie » et ton département sur un moteur de recherche.

Les astronomes professionnels

Si l'astronomie te passionne vraiment, tu pourras, plus tard, essayer d'en faire ton métier. Certains astronomes inventent de nouveaux télescopes pour voir toujours plus loin. D'autres fabriquent les sondes spatiales envoyées vers les planètes. D'autres enfin utilisent ces instruments pour comprendre comment les astres sont apparus et de quoi ils sont faits.

Pour devenir astronome professionnel, il faut aimer les sciences physiques, les mathématiques et, bien sûr, les étoiles. Les études sont longues et difficiles, mais passionnantes. Cela t'intéresse ? Il reste tellement de choses à découvrir dans le ciel...

Taille du Système solaire

	Diamètre (en km)	Distance au Soleil (en millions de km)
Soleil	1 392 530	—
Mercure	4 878	58
Vénus	12 104	108
Terre	12 756	150
Mars	6 794	228
Jupiter	142 880	778
Saturne	120 660	1 427
Uranus	50 800	2 869
Neptune	49 560	4 505

Cartes du ciel

Hémisphère nord

Hémisphère sud

Crédit photographique

Couverture : C.Jones/Corbis
pages 2-3: Photodisc
pages 4-5: Eumetsat/ESA
pages 6-7: NASA
pages 8-9: Eumetsat/ESA
pages 10-11: Photodisc
pages 12-13: J.Craigmyle/Corbis
pages 14-15: Bettmann/Corbis
pages 16-17: Space channel/Ciel & espace
pages 18-19: NASA
pages 20-21: C.Birnbaum/Ciel & espace
pages 22-23: NASA
pages 24-25: NASA
pages 26-27: NASA
pages 28-29: NASA
pages 30-31: M.Garlick/SPL/Cosmos
pages 32-33: SOHO/ESA-NASA
pages 34-35: J.K Davies/SPL/Cosmos
pages 36-37: SOHO/ESA-NASA
pages 38-39: J.Zuckerman/Corbis
pages 40-41: F.Krahmer/AGE/Hoa-qui
pages 42-43: F.Espenak/Ciel & espace
pages 44-45: NASA
pages 46-47: NASA
pages 48-49: NASA
pages 50-51: S.Numazawa/Ciel & espace
pages 52-53: NASA
pages 54-55: NASA
pages 56-57: D.di Cicco/Corbis
pages 58-59: Stocktrek images
pages 60-61: M.Kulka/Corbis
pages 62-63: S.Brunier/Ciel & espace
pages 64-65: Stapleton collection/Corbis
pages 66-67: A.Fujii/Ciel & espace
pages 68-69: C.Jones/Corbis
pages 70-71: ESO
pages 72-73: R.Ressmeyer/Corbis
pages 74-75: Hubble/NASA
pages 76-77: NASA-ESA/S Beckwith et l'équipe HUDF
pages 78-79: Ipac/Caltech
pages 80-81: Hubble/NASA
pages 82-83: Space channel/Ciel & espace
pages 86-87: S. Jungers/Ciel & espace

Collection dirigée par Philippe Nessmann

Iconographie : Anne Thiaville
Maquette : Studio Mango

Première édition : novembre 2004
Loi n°49-956 du 16 juillet 1949 sur les publications destinées à la jeunesse
MDS : 72774
ISBN : 978 2 7404 3021 7
Dépôt légal : février 2013
Imprimé en Chine par Toppan Leefung
Numéro d'édition : M13004